DISSERTATION
SUR
L'UTILITÉ DE LA SOYE
DES ARAIGNÉES,

AUGMENTÉE

EN CETTE ÉDITION

DE L'ANALISE CHIMIQUE

DE LA MÊME SOYE,

ENSEMBLE DE LA MANIERE de composer les Gouttes appellées *Gouttes de Montpellier*, & celle de s'en servir dans plusieurs Maladies.

Par M. BON, *Premier President en la Cour des Comptes, Aydes & Finances de Montpellier.*

ON A JOINT A CETTE EDITION PLUSIEURS Pieces qui ont été composées sur ce sujet.

A MONTPELLIER,
De l'Imprimerie de FRANÇOIS ROCHARD, seul Imprimeur du Roy, de l'Intendance & des Fermes de Sa Majesté. 1726.

AVEC PERMISSION.

A MONSEIGNEUR MONSEIGNEUR DE BON,

CHEVALIER, MARQUIS DE S. HILAIRE, Baron de Fourques, Seigneur de Celleneuve, S. Quintin & autres Lieux, Conseiller du Roy en ses Conseils, Premier President en la Cour des Comptes, Aydes & Finances de Montpellier, & President de la Societé Royale des Sciences de la même Ville.

MONSEIGNEUR,

La permission que vous m'avez fait l'honneur de me donner, d'imprimer vos deux Dissertations sur les Araignées, autorise la liberté que je prends, d'offrir à VOTRE GRANDEUR, *un Recüeil de ses propres Ouvrages : Vous le trouverez augmenté de quelques Pieces qui vous ont été dédiées, & qui marquent l'attention des Sçavans, pour meriter votre approbation & votre estime. C'est presentement,* MONSEIGNEUR, *que je souhaiterois que mon esprit pût répondre à mes sentimens, pour composer un Eloge parfait des Vertus de* VOTRE GRANDEUR, *mais que pourrois-je apprendre au Public, puisque tout le Monde les connoit & les admire ! Parlerois-je de l'Ancienneté de votre illustre Maison, des Services importans que vos Ancestres ont rendu à nos Rois, dans l'Epée & dans la Robbe depuis plusieurs siécles, personne ne les ignore, & tous les Habitans de la Ville de Montpellier sont penetrez de sentimens de respect & de reconnoissanee pour Vous & pour ces dignes Premiers Presidens auf-*

quels vous ſuccedez, ainſi MONSEIGNEUR, *je me borne uniquement par une infinité de raiſons, à Vous ſupplier très-humblement de recevoir ce Recueil, comme une marque de mon attachement reſpectueux & inviolable, trop heureux de meriter toûjours l'honneur de votre Protection; Vous ne pouvez l'accorder,* MONSEIGNEUR, *à une Perſonne qui vous ſoit plus devoüée que moi, & qui ſoit avec un plus profond reſpect,*

MONSEIGNEUR,

DE VOTRE GRANDEUR,

Le très-humble & très-obéïſſant Serviteur,
ROCHARD.

AVERTISSEMENT

DE L'IMPRIMEUR AU LECTEUR.

LE Public a si bien reçû la nouvelle découverte, que fit en 1709. M. Bon Premier President de la Cour des Comptes, Aydes & Finances de Montpellier sur l'utilité de la Soye des Araignées, que la Dissertation qu'il lût à l'Assemblée publique de la Société Royale des Sciences de cette Ville, en presence de tous les Mrs. des Etats de cette Province, le 5. Decembre de cette même année, persuada tous les Auditeurs, de la Vertu & des Proprietez d'un Insecte, qui avoit été regardé jusqu'alors, comme le Simbole de l'inutilité.

Cette Dissertation fut imprimée, non-seulement ici, mais à Paris, & dans d'autres Villes du Royaume, les Journaux litteraires, de France, de Hollande, d'Allemagne & d'Angleterre en ont donné des Fragmens, ce qui prouve que cet Ouvrage a beaucoup plû, par la nouveauté du sujet, & par la maniere dont il est écrit. On ne doit point s'étonner aprés cela si les Etrangers qui arrivent à Montpellier cherchent avec empressement d'avoir cette Dissertation toute entiere; & comme ils en demandent fort souvent & que nous ne pouvons pas contenter leur curiosité, je me suis determiné de supplier trés-humblement M. le Premier President de Montpellier, de souffrir une nouvelle Edition de son Ouvrage, en la forme, & de la même grandeur que celle imprimée à Paris en 1710. On y avoit ajoûté à la fin une Lettre sur le même sujet écrite à M. Bon le *26.* Janvier de cette même année 1710. par le R. P. Pouget Prêtre de l'Oratoire, Docteur de Sorbonne, & Abbé Commendataire de Chambon.

Nôtre demande a été favorablement accueillie, & ce grand Magistrat nous a accordé cette grace, avec cette bonté, qui lui est si naturelle, & cette affabilité qui lui attirent les cœurs de tous ceux qui ont l'honneur de le connoître; ainsi nous croyons faire un vrai plaisir au Public de réimprimer cette Dissertation; & sur tout d'y ajoûter l'Analise chimique que ce digne Magistrat a fait des Coques d'Araignées avec la maniere de preparer les Gouttes, qu'il appelle *Gouttes de Montpellier*, lesquelles sont plus actives & plus efficaces que les Gouttes d'Angleterre. Cet Ouvrage n'avoit pas encore parû, quoique Mrs. les Medecins de l'Université de cette Ville ayent fait plusieurs experiences de ce nouveau Remede, qui toutes ont si-bien réussi, qu'ils ont fait soûtenir des Theses publiques à leurs Ecoliers, pour établir la preference que l'on doit donner aux *Gouttes de Montpellier* sur celles d'Angleterre. Nous avons imprimé cette These tout au long, aprés la maniere de composer ces *Gouttes* & de s'en servir dans plusieurs maladies; nous y avons ajoûté encore une Lettre de M. Fagon premier Medecin du Roi LOUIS XIV. qui prefere ces *Gouttes de Montpellier* à celles d'Angleterre par les experience réïterées qu'il en a faites. Nous finissons par une Eglogue Latine du R. P. Vaniere Jesuite; ainsi l'on trouvera dans ce petit Recueil des Pieces Latines & Françoises qui amuseront agréablement le Lecteur, du moins je l'espere, puisque toutes ces Pieces sont des Chefs-d'Oeuvres en leur genre.

PERMISSION
De Monsieur le Procureur du Roy au Presidial de Montpellier.

NOUS consentons que François Rochard, Imprimeur en cette Ville, imprime la Dissertation sur l'utilité de la Soye des Araignées, & l'Analise Chimique de la même Soye, avec la maniere de composer les Gouttes appellées *Gouttes de Montpellier*, & celle de s'en servir dans plusieurs Maladies; par M. Bon, Premier President de la Cour des Comptes, Aydes & Finances de Montpellier, ensemble une These de Medecine sur le même sujet, une Eglogue & deux Lettres: Avec défenses à tous autres de l'imprimer. Fait à Montpellier le huitiéme Octobre 1726. *Signé*, ROLLAND, *Procureur du Roy.*

DISSERTATION SUR L'UTILITÉ DE LA SOYE DES ARAIGNÉES,

PAR MONSIEUR BON,
Associé Honoraire, & Premier President, en survivance, de la Cour des Comptes, Aydes & Finances de Montpellier.

PRE'S l'Etude principale que tous les Hommes doivent faire de leurs devoirs essentiels, soit par rapport à ce qui regarde leurs Emplois, soit par rapport à ce qu'ils se doivent à eux-mêmes, ou aux autres; il est necessaire qu'ils se choisissent avec soin des amusemens aussi utiles qu'agréables; & comme l'examen de la Nature convient à toutes ſortes d'états, dans quelque degré d'élevation qu'on ſoit, il ne faut pas être ſurpris que la plûpart ayent donné la preference à cette eſpece d'Etude, puiſqu'elle a toûjours été regardée comme un délaſſement d'eſprit, & comme un moyen ſûr de s'inſtruire en ſe divertiſſant.

En effet, quels amuſemens trouverions-nous plus ſolides & plus convenables, & dans quelle Science peut-on faire avec tant de facilité d'auſſi grands progrés ? Il n'en ſeroit pas de même des autres parties de la Philoſophie ; on n'en acquiert la connoiſſance, que par de profondes Méditations, & par un Travail aſſidu & penible. Quelle difference d'Etudes ! l'une ne demande que quelques momens de loiſir, & l'autre demande l'Homme tout entier.

Pourrions-nous blâmer aprés cela ceux qui s'amuſent quelquefois à développer les ſecrets de la Nature, puis qu'il en coûte ſi peu ; & doit-on ſe priver de pareils divertiſſemens ? Le moindre Inſecte, la moindre Plante, une Pierre un peu extraordinaire, tout fournit dequoy rêver avec plaiſir dans le lieu le plus ſolitaire ; tout engage à admirer la puiſſance & la ſageſſe infinie du Créateur, & j'oſe dire que c'eſt ſans doute cette merveilleuſe varieté qu'on voit répanduë dans tous ſes Ouvrages, qui a le plus contribué à faire reconnoître aux Payens même, un premier Eſtre ſeul auteur de l'Univers.

Tous les Philoſophes, & ſur tout les modernes ont regardé cette Science comme le fondement de la Phyſique. S'ils s'attachent à chercher avec exactitude des faits certains, ce n'eſt que pour parvenir dans les ſuites à la veritable connoiſſance des cauſes. L'ardeur avec laquelle l'Académie Royale des Sciences de Paris & la Nôtre cultivent cette partie de la Philoſophie, ſuffiroit aſſez pour en prouver toute l'utilité; mais ſans alléguer ici l'exemple de ces ſçavantes Compagnies, qui ſemblent étre engagées par leurs Inſtitutions d'en faire une étude particuliere; combien a-t-on vû d'Empereurs, de Rois, de Princes & de Magiſtrats s'y attacher pour leur ſeule ſatisfaction.

Alexandre en faiſoit ſon amuſement ordinaire malgré les embarras que lui donnoit la conquête du monde, & le fameux (1) Ariſtote reçût 480000. écus de l'Hiſtoire des Animaux qu'il avoit compoſée par ſon ordre. Pline ne fut pas moins recompenſé pour avoir offert (2) à l'Empereur Tite, les ſçavans & curieux Recüeils qu'il avoit

(1) Athenæus Deipnoſophiſtarum lib. 9. *Arbitratus verò apud doctiſſimum Ariſtotelem in opere Talentorum multorum mercede famoſo, (nam Stagiritem rumor increbuit ab Alexandro donatum fuiſſe talentis octingentis ad impenſam condendis iis libris neceſſariam) ut comperi nihil memoratum fuiſſe, &c.*

(2) Epitre Dedicatoire de Pline.

faits en examinant la Nature.

L'Histoire Profane n'eſt pas la ſeule, où l'on trouve des marques de l'attachement qu'on a eu pour ce genre d'étude. L'Hiſtoire Eccleſiaſtique nous en fournit des exemples encore plus reſpectables, par le grand nombre de Papes & de Peres de l'Egliſe, qui n'ont pas dédaigné de joindre cette étude à tant d'autres. Saint Auguſtin peut ſuffire à nous en convaincre; toûjours attentif à reprimer les erreurs naiſſantes, ou à inſtruire les Fidéles des devoirs du Chriſtianiſme, il s'eſt attaché néanmoins à cette Science, & ſon Traité de la Cité de Dieu fait bien voir, que nous ne devons jamais mépriſer de connoître ce que Dieu même a jugé digne d'être créé.

Ne cherchons pas ailleurs des exemples ſi étrangers; n'en avons-nous pas de domeſtiques en la perſonne de Guillaume (1) Peliſſier, Evêque de Montpellier? N'avoit-il pas compoſé pluſieurs Livres ſur cette matiere, & le celebre Rondelet auroit-il jamais pû achever ſon grand Ouvrage ſur les Poiſſons & les Coquillages, qui ſe trouvent dans nos Mers, ſans les ſoins & les dépenſes de ce digne Prélat? Nos Roys même ſe ſont faits quelquefois un plaiſir d'examiner la Nature; & les Hiſ-

(1) Gariel. *Series Præſulum Magalonenſium, in vitâ Guillelmi Peliſſerei.* Et Mr. de Thou. *lib.* 38. *hiſtor. ſui temporis, ubi de obitu Guillelmi Rondeletii.*

toriens de France nous assûrent, que (1) François I. avoit fait de si grands progrés dans cette Science sans autre étude, que celle de la conversation des Sçavans Jacques Cholin & Pierre Castelan, qu'il n'ignoroit rien de tout ce que les Auteurs anciens & modernes avoient écrit, tant sur les Animaux, Insectes, Plantes, Métaux, que sur les Pierres prétieuses.

Les liberalitez de ce Prince envers les gens de Lettres, attirerent dans le Royaume tant de Personnes illustres par leur sçavoir, qu'on lui donna avec justice le nom de Pere des Muses; mais s'il a merité ce glorieux titre, avec combien plus de raison ne le devons-nous pas à LOUIS LE GRAND? Occupé sans relâche de mille soins differens, qu'il est obligé de prendre

(1) de Thou. *Histor. sui temporis lib. 2. Præcipuèque naturalis historiæ narratione delectabatur, in qua tantùm audiendo profecerat, ut quamvis à pueritiâ nullis litteris imbutus, quidquid de Animalibus, Insectis, Plantis, Metallis, Gemmis, ab antiquis & recentibus Scriptoribus memoriæ proditum est, & meminisset, & aptè edissereret. Usus ad hoc fuerat operâ Jac. Cholini primùm, deìn Petri Castellani viri probitate & morum gravitate & doctrinâ præstantissimi, quem Episcopatu Matisconensi, magnique Eleemosinarii dignitate propterea remuneravit, ac Magistrum Bibliothecæ post Budæi obitum constituit.*

Mezeray édit. in folio Paris en 1685. tom. 2. page 1045.

Dupleix tom. 3. in folio Paris chez Sonnius page 458.

pour soûtenir les efforts de toute l'Europe armée contre lui, au milieu de tant de Travaux, rien ne peut le détourner de cette attention bienfaisante, qu'il a toûjours euë à faire fleurir les Arts & les Sciences; l'établissement de cette Societé en est une preuve incontestable, puisqu'il a bien voulu s'en declarer lui-même le Protecteur.

Que pouvons-nous faire de mieux pour lui marquer notre reconnoissance, que de seconder ses intentions ? C'est-à-dire que vous, * MESSIEURS, qui avez été choisis pour faire l'Histoire naturelle de cette Province, vous redoubliez s'il se peut vos soins & vos études, pour rendre vos recherches aussi utiles que curieuses. Pour moi qui ai des occupations bien differentes, quoique je me doive tout entier à l'étude des Loix & des Ordonnances, je crois néanmoins que pour répondre à la grace que le Roi m'a faite, en me nommant Associé Honoraire, avec des Personnes * aussi illustres par eux-mêmes, que par leur naissance & la dignité de leurs Emplois; je dois mettre à profit tous les momens de mon loisir, & tâcher de vous aider, s'il m'est possible, dans la recherche de la Nature. L'avantage que j'ai d'être parmi vous, doit m'inspirer ces sentimens, vous les avez toûjours reconnus en moi, & vous les reconnoîtriez encore mieux dans les suites, si mon premier devoir me permettoit de donner plus de tems que je ne fais, à meriter la place que j'occupe ici.

* Messieurs les Academiciens.

* Messieurs les Academiciens Honoraires.

L'obſervation que j'ai l'honneur de vous preſenter, a l'entiere grace de la nouveauté, & peut-être ſera-t-elle un jour des plus utiles; les approbations que vous donnâtes, MESSIEURS, au ſimple recit des experiences que je projettois de faire ſur cette matiere, m'ont engagé à les exécuter, & c'eſt à vos empreſſemens qu'on devra le détail que j'en vais faire.

On ſera ſurpris d'apprendre que les Araignées font une Soye auſſi belle, auſſi forte & auſſi luſtrée que la Soye ordinaire; la prévention où l'on eſt contre un Inſecte auſſi commun que mépriſé, eſt cauſe que le Public a ignoré juſqu'ici toute l'utilité qu'on pouvoit en tirer; & comment l'auroit-il ſeulement ſoupçonnée? Celle de la Soye toute conſiderable qu'elle eſt, a demeuré inconnuë & negligée long-tems aprés ſa découverte. Ce fut dans l'Iſle de (5) Cos, que Pamphila fille de Platis trouva la premiere, l'invention de la mettre en œuvre. Cette découverte fut bien-tôt connuë chez les Romains, on leur apporta de la Soye du Païs des *Seres*, (6) où les Vers qui la

Origine de la Soye.

(5) Ariſtote dans ſon Hiſtoire des Animaux, Liv. 5. chap. 19 *Prima texiſſe in Co inſulâ Pamphila Platis filia dicitur.*

Pline *Hiſtor. Natural. liber* 11. *cap.* 22.

(6) Seres peuples de la Scythie Aſiatique vers le Mont Imaüs.

Voyez Pline ſur l'Origine de la Soye. *Hiſtor. natural. lib.* 6. *cap.* 17. *& lib.* 16. *cap.* 17.

Iſidore *Originum lib.* 19. *cap.* 23. *Sericum dictum, quia id Seres primi miſerunt., vermiculi enim ibi naſci perhib. à quib. hæc circum arbores fila ducunt,* font, croissent naturellement. Bien loin de profiter d'une nouveauté si utile, ils ne pûrent jamais se persuader que ces Vers produisissent des Fils aussi beaux & aussi précieux, & tirerent sur cela mille conjectures chimeriques ; leur ignorance jointe à leur paresse rendit pendant plusieurs Siécles la Soye d'une rareté & d'une cherté si extraordinaire, qu'on la vendoit au poids de l'Or. (7) Vopiscus assure que l'Empereur Aurelien refusa par cette raison à l'Imperatrice sa femme un habit de Soye, qu'elle lui demandoit avec beaucoup d'empressement. Cette rareté dura fort long-tems, & nous devons la maniere d'élever les Vers à Soye à des Moines, qui en aporterent des œufs en Gréce sous le Regne de l'Empereur Justinien, nous l'apprenons de (8) Godefroy

(7) Vopiscus *sub finem vitæ Aureliani. Vestem holosericam neque ipse in vestiario habuit, neque alteri utendam dedit, & cum ab eo uxor sua peteret, ut unico pallio blateo serico uteretur, Ille respondit, absit, ut auro fila pensentur ; libra enim auri tunc libra Serici fuit.*

(8) *Putat Seres vermiculos fuisse, quorum semen ovis piscium simile in Græciam fuerit allatum à Monachis ex Serindia Indiæ civitate sub Justiniano, ut tradit Procopius..... Temporibus Gratiani ignorabatur in Imperio Romano Serici conficiendi ratio. l.* 1. *Cod.* Quæ res venire non possunt. *Vestis Serica inter res pretiosissimas computabatur ab Ulpiano L.* 37. *Paragrafo* 1. *ff. de evictionibus & L.* 1. *& temperent. Cod. de vestibus Holoberis lib.* 11, *soli Principi licebat gestare vestes sericas aut saltem holoser. & in solis Ginæciis Princ. confici poterant ; & lege Rhodiâ Holoserica auro æqualia.*

dans

dans ses nôtes sur la Loi premiere au Code Livre 4. *Quæ res venire non possunt* & la Loi *Emptori* 37. d'Ulpien, paragraphe premier au 21. Livre du Digeste, assure que le prix de la Soye étoit égal à celui des Perles.

La France n'a profité que bien tard de cette découverte, puisque Henri II. porta aux Nôces de sa Fille & de sa Sœur, les premiers bas de (1) Soye qu'on eût vûs dans le Royaume. C'est à ses soins & à ceux de ses Successeurs, que nous devons l'établissement des Manufactures de Tours & de Lion, qui ont rendu les Etoffes de Soye si communes, & qui ont pourvû si abondamment à la magnificence des Meubles & des Habits.

Tant d'exemples doivent nous faire connoître combien il est important de ne rien negliger dans l'étude de la Nature. Les choses qui paroissent d'abord inutiles, ou presque impossibles dans l'exécution, deviennent souvent trés-avantageuses & trés-aisées par les soins & l'industrie des Hommes. C'est le sort des nouvelles découvertes; & j'ose me flatter que celle que je propose sera reçûë agréablement. L'ingenieuse Fable (2) d'Arachné ne fait elle pas bien

(1) Mezeray édit. de Paris in folio tom. 3. à la fin de la vie de Henri IV. page 1254. & du petit Mezeray in douze impression de Hollande tom. 6. pag. 289.

(2) Pline *Histor. Natural. lib.* 7. *cap.* 56. *Quæ quis invenerit in vitâ. Fusos in lanificio Closter filius Arachnes, Linum & retia Arachne inventi.*

voir que c'est aux Araignées, à qui l'on doit les premieres idées d'ourdir les Toiles, & de tendre des filets aux Animaux : ainsi l'utilité constante que j'assure qu'on peut en tirer, les fera sans doute regarder dans la suite comme les Vers à Soye & les Abeilles, qui sont de tous les Insectes les plus necessaires & les plus admirables dans leurs Ouvrages.

Description generale de toutes les especes d'Araignées.

Quoique l'Histoire des Araignées soit fort étenduë par le nombre infini de particularitez, qu'on remarque dans chaque espece differente ; je crois cependant qu'il est absolument necessaire de donner en peu de mots une idée generale & superficielle de cet Insecte, avant que d'entrer dans la description de sa Soye. Je reduirai donc toutes ces especes differentes à deux principales, sçavoir aux Araignées à longues jambes, & à celles qui les ont courtes ; ce sont les dernieres qui fournissent la nouvelle Soye dont je parle. A l'égard de leurs differences particulieres, on les distingue par la couleur ; car il y en a de noires, de brunes, de jaunes, de vertes, de blanches & de toutes ces couleurs mêlées ensemble.

On les distingue encore par le nombre & par l'arrangement de leurs yeux ; les unes en ayant six, les autres huit & les autres dix, rangez differemment sur le sommet de la tête ; on les voit assez sans aucun secours, mais beaucoup mieux avec celui de la Loupe. Ce sont à peu prés toutes les differences essentielles des Araignées, les ayant trouvées semblables dans les autres parties du corps que la Nature a divisé en deux. La premiere partie est couverte d'un *Test* ou écaille dure remplie de Poils, elle contient la tête & la poitrine, à laquelle huit jambes sont attachées toutes bien articulées en six endroits; elles ont aussi deux autres jambes qu'on peut appeller leurs bras, & deux pinces armées de deux ongles crochus attachez par des articulations à l'extrêmité de la tête; c'est avec ces pinces qu'elles tuent les Insectes qu'elles veulent manger, leur bouche étant immediatement au-dessous. Elles ont encore deux petits ongles au bout de chaque jambe, & quelque chose de spongieux entre-deux, ce qui leur sert sans doute pour marcher avec plus de facilité sur les Corps polis.

La seconde partie du Corps de cet Insecte n'est attachée à la premiere que par un petit fils, & n'est couverte que d'une peau assez mince, sur laquelle il y a des poils de plusieurs couleurs; elle contient le dos, le ventre, les parties de la generation & l'*Anus*; je m'arrêterai à la description de l'*Anus*, puisque c'est l'endroit d'où les Araignées tirent leur Soye; mon dessein n'ayant jamais été d'entrer dans un grand détail, mais de parler de cette Soye & de son utilité.

Description de l'*Anus* de l'Araignée.

Il est certain que toutes les Araignées filent par l'*Anus*, autour duquel il y a cinq mamelons, qu'on prend d'abord pour autant de filieres par où le fil doit se mouler ; j'ai trouvé que ces mamelons étoient musculeux & garnis d'un Sphincter ; j'en ai remarqué deux autres un peu en dedans du milieu, desquels sortent veritablement plusieurs fils en assez grande quantité, tantôt plus & tantôt moins, & c'est par une mécanique fort singuliere que les Araignées s'en servent, lorsqu'elles veulent passer d'un lieu à un autre. Elles se pendent perpendiculairement à un fil, tournant ensuite la tête du côté du vent, elles en lancent plusieurs de leur *Anus*, qui partent comme des traits ; & si par hazard le vent qui les allonge les cole contre quelque corps solide, ce qu'elles sentent par la resistance qu'elles trouvent en les tirant de tems en tems avec leurs pâtes, elles se servent de cette espece de pont pour aller à l'endroit où ces fils se trouvent attachez ; mais si ces fils ne rencontrent rien à quoi ils puissent se prendre, elles continuent toûjours à les lâcher, jusqu'à ce que leur grande longueur, & la force avec laquelle le vent les pousse & les agite, surmontant l'équilibre de leurs corps, elles se sentent fortement tirer ; alors rompant le premier fil qui les tenoit suspenduës, elles se laissent emporter au gré du vent, & voltigent sur le dos les pates étenduës ; c'est de ces deux manieres qu'elles traversent les Chemins, les Ruës & les plus grandes Rivieres.

On peut dévider soi-même ces fils, qui

par leur réünion ſemblent n'en former qu'un, lorſqu'ils ſont environ de la longueur d'un pied : j'en ai diſtingué juſqu'à quinze & vingt au ſortir de leur *Anus*. Ce qu'il y a encore de particulier, eſt la facilité avec laquelle cet Inſecte le remuë en tous ſens à cauſe de pluſieurs Anneaux qui y vont aboutir ; cela leur eſt abſolument neceſſaire pour dévider leurs Fils ou Soyes, qui ſont de deux eſpeces dans l'Araignée femelle : cependant je crois cet Inſecte Androgine, ayant toûjours trouvé les marques du mâle dans les Araignées qui ſont des œufs ; mais il eſt inutile d'entrer dans cette diſcuſſion, je reviens à mon ſujet.

Deſcription de leurs Fils & de leurs Coques.

Le premier fil qu'elles dévident eſt foible & ne leur ſert qu'à faire cette eſpece de toile, dans laquelle les Mouches vont s'embaraſſer ; le ſecond eſt beaucoup plus fort que le premier, elles en enveloppent leurs œufs, qui par ce moyen ſont à couvert du froid, & des Inſectes qui pourroient les ronger. Ces derniers fils ſont entortillez d'une maniere fort lâche autour de leurs œufs, & d'une figure ſemblable aux Coques des Vers à Soye qu'on a preparées & ramolies entre les doigts pour les mettre ſur une quenoüille ; les Coques d'Araignées (je les appellerai ainſi) ſont d'une couleur griſe lorſqu'elles ſont recentes, mais elles deviennent noirâtres, lorſqu'elles ont été expoſées longtems à l'Air ; Il eſt bien vrai qu'on trouveroit pluſieurs autres Coques d'Araignées de differentes couleurs, & d'une meilleure Soye, sur tout celles de la Tarentule; mais la rareté en rendroit les experiences trop difficiles: ainsi il faut se borner aux Coques des Araignées les plus communes, qui sont celles à jambes courtes. Elles cherchent toûjours un endroit à l'abri du vent & de la pluye pour les faire, comme par exemple les trous des Arbres, les Angles des Fenêtres, ou des Voûtes, ou bien le dessous des Entablemens des Edifices. C'est en ramassant plusieurs de ces Coques qu'on fait cette nouvelle Soye, qui ne cede en rien à la beauté de la Soye ordinaire; elle prend aisément toutes sortes de couleurs, & l'on en peut faire des Etoffes, puis que j'en ai fait faire les *Bas & les Mitaines* que je vous presente. Voici maintenant de quelle maniere j'ai fait preparer ces Coques pour en tirer la Soye que vous voyez.

Lieux où les Araignées pondent leurs œufs & font leurs Coques.

Maniere de préparer la Soye des Araignées.

Aprés avoir fait ramasser douze à treize onces de ces Coques d'Araignées, je les fis bien battre pendant quelque tems avec la main & avec un petit bâton, pour en faire sortir toute la poussiere; on les lava ensuite dans de l'eau tiéde, jusqu'à-ce que l'eau qui en sortoit fut bien nette; aprés quoi je fis mettre à tremper ces Coques dans un grand Pot avec du Savon & du Salpêtre, & quelques pincées de gomme Arabique, je laissai boüillir le tout à petit feu pendant deux ou trois heures; je fis ensuite relaver avec de l'eau tiéde toutes ces Coques d'Araignées pour en bien ôter tout le Savon ; je les laissai sécher pendant quelques jours, & les fis ramolir un peu entre les doigts pour les faire carder plus facilement par les Cardeurs ordinaires de la Soye, excepté que j'ai fait faire de Cardes beaucoup plus fines : j'ai eu par ce moyen une Soye d'un gris trés-particulier, on peut la filer aisement, & le fil qu'on en tire est plus fort & plus fin que celui de la Soye ordinaire, & tel que vous le voyez, ce qui prouve qu'on peut s'en servir pour faire toutes sortes d'Ouvrages. L'on ne doit pas craindre qu'il ne soûtienne toutes les secousses des Mêtiers, ayant resisté à celles des Faiseurs de Bas.

Preuve pour convaincre que les Araignées fourniroient plus de Soye que les Vers à Soye, à cause de leur fecondité.

La difficulté se reduit donc maintenant à avoir un assez grand nombre de Coques d'Araignées pour en faire des Ouvrages considerables, l'utilité & la possibilité étant bien prouvées. La chose ne seroit pas difficile, si l'on avoit le moyen d'élever les Araignées comme les Vers à Soye, elles multiplient beaucoup plus, & chaque Araignée pond six ou sept cens œufs, au lieu que les Papillons des Vers à Soye n'en font qu'une centaine ou environ ; encore faut-il en rabattre plus de la moitié, parce que ces Vers sont sujets à quatre maladies, & sont si délicats qu'un rien les empêche de faire leurs Coques ; tout au contraire les œufs des Araignées éclosent sans aucun soin dans les mois d'Août & de Septembre, quinze ou seize jours aprés avoir été pondus, &

celles qui les ont faits meurent dans quelque tems ; pour les petites Araignées qui sortent de ces œufs, elles vivent dix à onze mois sans manger, & sans diminuer ni grossir, se tenant toûjours dans leurs Coques jusques à ce que les grandes chaleurs les obligent de sortir, & de chercher leur nourriture. La raison Physique qu'on peut donner de cela est naturelle ; tous les Insectes & plusieurs autres Animaux, comme les Ours, les Serpens, les Marmotes, &c. qui se cachent pendant l'Hiver, abondent en matiere glutineuse trés-difficile à mettre en mouvement ; de sorte qu'il n'est pas extraordinaire que les petites Araignées puissent vivre pendant le froid de leur propre substance, ne faisant aucune dissipation d'esprits, mais la chaleur venuë, elle met en mouvement cette matiere, & force les petites Araignées à filer & à courir d'un côté & d'autre pour chercher de quoi vivre, & à peine mangent-elles qu'on les voit grossir de jour en jour. L'on peut donc tirer une consequence sûre, que si l'on trouvoit le moyen de nourir dans des Chambres de petites Araignées, on auroit beaucoup plus de Coques de cet Insecte, que de celles des Vers à Soye, ayant toûjours vû que de sept ou huit cens petites Araignées, il n'en mouroit presque point dans une année, & qu'au contraire de cent petits Vers à Soye il n'y en avoit pas quarante qui fissent leurs Coques,

Une difference aussi grande & aussi considerable

ſiderable excitera ſans doute aſſez la curioſité des Amateurs des Arts & des Sciences, pour les faire empreſſer de trouver la maniére d'élever ces Inſectes. Voici en attendant qu'un heureux hazard ou l'application nous favoriſent d'un ſecret ſi utile, les moyens dont je me ſuis ſervi pour avoir beaucoup de ces Coques, que je propoſe aux Curieux qui voudront faire la même experience que moi.

Maniere de ramaſſer beaucoup de Coques d'Araignées.

Je donnai ordre qu'on m'aportât toutes les groſſes Araignées à jambes courtes qu'on trouveroit dans les mois d'Août & de Septembre. Je les enfermai dans des Cornets de Papier & dans des Pots, je couvris ces Pots d'un Papier que je perçai de pluſieurs coups d'épingle auſſi-bien que les Cornets, afin qu'elles euſſent de l'air; je leur fis donner des Mouches, & je trouvai quelque-tems aprés que la plûpart y avoient fait leurs Coques, en voici les pieces juſtificatives.

J'en eus encore plus aiſément en promettant de payer la livre des Coques d'Araignées ſur le même pied qu'on vend la Soye ordinaire. L'attrait du gain fit qu'on m'en apporta beaucoup en peu de tems; on m'aſſura même qu'on n'avoit pas eû grand peine d'en trouver, & que s'il étoit permis d'entrer dans toutes les Maiſons où l'on voyoit de ces Coques d'Araignées aux Fenêtres, ils m'en fourniroient autant que je voudrois. Il eſt facile de conclure qu'on en trouveroit assez dans le Royaume pour en faire de grands Ouvrages, & que la nouvelle Soye que je propose est moins rare & moins chere que n'étoit la Soye ordinaire dans son commencement; d'autant mieux que les Coques d'Araignées rendent à proportion de leur legereté plus de Soye, que les autres : en voici la preuve, treize onces en donnent prés de quatre de Soye nette, il n'en faut que trois pour faire une paire de Bas au plus grand homme; ceux-cy ne pesent que deux onces & un quart, & les Mitaines environ trois quarts d'once, au lieu que les Bas de Soye ordinaires pesent sept à huit onces.

Voilà certainement une grande utilité qu'on peut tirer d'un Insecte que le Public a toûjours regardé comme trés incommode & trés dangereux par son venin. Je puis assurer neanmoins que les Araignées ne sont pas venimeuses; j'en ay été mordu fort souvent, sans qu'il m'en soit arrivé aucun mal. Pour leur Soye bien loin d'avoir du venin, tout le monde s'en sert pour arrêter le sang, & soûder les coupures; en effet son *Gluten* naturel est une espece de Baume qui guerit les petites Plaies, en empêchant l'air d'y entrer.

De si bonnes raisons devroient suffire pour faire cesser la crainte & l'aversion qu'on pourroit avoir de mettre en usage la Soye des Araignées; mais il est necessaire en finissant ce discours d'y en ajoûter d'autres ſi fortes & ſi ſolides, que les plus opiniâtres conviendront facilement, que les Araignées ſont de tous les Inſectes ceux qui meritent le moins la haine Publique.

Esprit & Sel Alkali volatile qu'on tire de la Soye des Araignées.

Leur Soye eſt utile non ſeulement par raport aux Ouvrages qu'on en peut faire; ſon utilité eſt encore plus grande & plus eſſentielle par raport aux Remedes ſpecifiques qu'on en peut tirer. Elle fournit en la diſtillant une grande quantité d'Eſprit & de Sel volatile; j'ai veu par la comparaiſon que j'en ai faite, qu'elle en donnoit pour le moins autant que la Soye ordinaire, qui eſt de tous les Mixtes celui qui en donne le plus. Ce Sel & cet Eſprit volatile qu'on tire des Coques d'Araignée, eſt trés actif; on en jugera par les * experiences ſuivantes : il change en un beau verd d'Emeraude la teinture des fleurs de Mauve, il congéle & reduit en une eſpece de neige la diſſolution du Sublimé corroſif, au lieu que les Alkali volatiles qu'on tire du crane humain, de la corne de Cerf & de pluſieurs autres Mixtes, ne font que la blanchir ou la rendre laiteuſe. Ainſi le nouvel Alkali que je propoſe, employé de la même maniere que celui qu'on extrait des Coques des Vers à Soye pour faire les Gouttes d'Angleterre ſi renommées dans l'Europe, peut ſervir à compoſer de nouvelles Gouttes qu'on peut appeller avec raiſon, *Gouttes de Montpellier*. On ne doit pas douter qu'on ne s'en ſerve

* Elles ont été faites ſur le champ.

Gouttes ſemblables à celles d'Angleterre.

avec un plus heureux ſuccés que des anciennes dans l'Apoplexie, dans la Léthargie & dans toutes les affections ſoporeuſes, à cauſe de leur grand activité. On les prendra même avec moins de rebut, parceque leur odeur eſt moins fetide & moins deſagréable. Je ne m'étendrai pas davantage ſur cette matiere; je laiſſe à Meſſieurs les Medecins, & à Meſſieurs les Chimiſtes de nôtre Societé, le ſoin de chercher les autres uſages, que les Coques d'Araignées, & les principes qu'on en tire par l'Analyſe Chimique, peuvent avoir dans la Medecine.

ANALISE CHIMIQUE DE LA SOYE D'ARAIGNÉE,

Avec la maniere de composer les Gouttes appellées Gouttes de Montpellier, & celle de s'en servir dans plusieurs Maladies,

Par Monsieur BON, *Premier President en la Cour des Comptes, Aydes & Finances de Montpellier.*

LES Gouttes d'Angleterre qui ont fait un si grand bruit dans le monde, ont été inventées par Mr. Lister Medecin du Roy d'Angleterre Charles II. L'on croyoit ce Remede beaucoup plus composé qu'il ne l'est, avant que M. Tournefort celebre Medecin de Paris, & le plus fameux Botaniste de notre tems, en eût decouvert le secret; il le rendit public en le communiquant à l'Academie Royale des Sciences de Paris, tel qu'on le voit imprimé dans les Memoires de cette Academie.

C'eſt en liſant ce Memoire que j'ai penſé que les Coques d'Araignée pourroient contenir des Eſprits volatiles à peu prés ſemblables à ceux qu'on tire des Coques des Vers à Soye; j'ai cru donc qu'il étoit neceſſaire de faire l'Analiſe Chymique de ces Coques, pour rendre ma decouverte auſſi utile qu'agreable, & j'ai vû avec plaiſir que je ne m'étois pas trompé, puiſque j'ai tiré de cinq onces de Coques d'Araignées cinq dragmes de Sel alkali volatile, plus actif que ceux qu'on tire des autres mixtes; voici de quelle maniere il faut diſtiller cette nouvelle Soye.

Faites ramaſſer une quantité ſuffiſante de Coques d'Araignées & même des Toiles (car elles contiennent comme les Coques, les mêmes Sels & les mêmes Eſprits volatiles, mais en moindre quantité que les Coques:) Faites bien nettoyer le tout, aprés quoi vous mettrez ces Coques ou Toiles d'Araignées dans une Retorte ou Cornuë de Verre bien lutée que vous poſerez dans un fourneau de Reverbere clos, & vous adapterez à cette Cornuë un grand Ballon de Verre ou Recipient dont vous luterez avec ſoin les jointures avec pluſieurs papiers collez, & par deſſus une veſſie de Cochon moüillée, car à moins de cela les Eſprits ſont ſi ſubtiles qu'ils s'évaporeroient tous ſans cette précaution; commencez enſuite votre diſtillation par un feu trés lent, deux ou trois petits charbons allumez ſuffiſent de peur que les Coques d'Araignées ne ſe brûlent dans le fourneau étant ſurpriſes par un grand feu; de maniere qu'il faut graduer ce feu suivant les regles prescrites, & le pousser de demie heure en demie heure jusqu'au dernier degré : l'on sera surpris de voir que dans la premiere demie heure il sortira de la Cornuë une liqueur blanche comme de l'eau, que les Chymistes appellent Flegme; cette liqueur est insipide & n'a point de goût. Une heure aprés ayant augmenté le feu, vous verrez cette liqueur devenir un peu roussatre, & enfin une autre heure aprés, le feu ayant été poussé, le Balon ou le Recipient se remplira de vapeurs blanches qui se congelent & qui s'attachent aux côtez du Recipient, ce qui fait le Sel Concret: comme le flegme roussatre continuë toûjours à sortir, il dissout une partie de ce Sel, & le reduit en un Esprit trés penetrant; lorsque les vapeurs blanches sont changées en Sel, & que le Balon ou Recipient n'est plus troublé, il faut un feu trés violent, & l'on voit alors sortir une huile épaisse, & qui ne coule qu'avec beaucoup de peine; laissez alors refroidir pendant toute la nuit le Fourneau sans toucher au feu, & delutez le lendemain le tout, aprés quoi l'operation est faite.

Le Balon ou Recipient étant deluté, l'on secoüera fortement toutes les liqueurs qui s'y trouvent, pour faire fondre les Sels attachez aux parois de ce Balon; aprés quoi vous verserez cette liqueur dans un Entonnoir garni de papier gris, pour la faire filtrer en la maniere ordinaire, mais l'on aura une grande Cloche de verre qu'on mettra par dessus l'Entonnoir & le vaſe qui reçoit cette liqueur ſpiritueuſe, & l'on bouchera avec de la cire mole la baſe de cette Cloche poſée ſur la table, par ce moyen l'on évite l'évaporation des Eſprits volatiles.

Lorſque la liqueur eſt filtrée, il reſte au bas de l'Entonnoir une Huile graſſe de laquelle on peut ſe ſervir comme d'un Baume excellent pour les douleurs de Sciatiques & Rhumatiſmes, on gardera cette Huile dans une Bouteille.

Comme la premiere liqueur qu'on a filtré à travers le papier gris, quoique ſpiritueuſe, ſe trouve mêlée avec celle qu'on appelle le flegme, il eſt neceſſaire de faire une ſeconde operation pour n'avoir que le veritable & ſeul Eſprit volatile, de la maniere que je vais l'expliquer.

Mettez votre liqueur dans un petit Alambic de Verre garni de ſon Chapiteau, auquel vous adapterez un petit Recipient, il ſuffit de mettre cette Alambic au feu de ſable trés lent, & vous aurez par ce moyen l'Eſprit & le Sel volatile degagé du flegme. Il eſt à remarquer ſeulement, que lorſque la liqueur qui ſort de cette Alambic n'eſt plus de couleur rouſſatre, & qu'elle vient au contraire fort claire, il faut ceſſer la diſtillation, parceque c'eſt une marque ſûre que tous les Eſprits & les Sels volatiles ſont montez, & qu'il ne reſte que le flegme.

Aprés cette ſeconde operation il en faut ajoûter une troiſiéme qui eſt la principale pour faire les Gouttes d'Araignée, & la voici.

Mettez

Mettez l'Esprit que vous avez tiré par l'Alambic dans un vaisseau circulatoire, c'est-à-dire, dans un Matras garni de son vaisseau de rencontre; vous y mettrez douze gouttes de bonne Essence de Canelle, & autant de Geroffle sur chaque once d'Esprit d'Araignée, & ensuite mettez le tout en digestion sur un feu de sable fort lent pendant un mois, afin que ces Liqueurs ayent le tems de bien circuler; aprés quoi vous retirerez la Liqueur qui est dans ce Matras, & la verserez dans des Bouteilles bien bouchées pour vous en servir dans les occasions. C'est à cette Liqueur ainsi prepararée, que j'ai donné le nom des *Gouttes de Montpellier*, dont on a fait déja tant d'experiences qui ont si bien réüssi. M. Fagon premier Medecin du Roi, en a fait lui-même plusieurs, & l'on distila publiquement ces Coques d'Araignées, dans le Laboratoire Royal de Chimie de Paris.

J'ai fait preparer de trois sortes d'especes de Gouttes, que l'on peut employer à differens usages; les premieres que j'apelle Alexisteres, sont merveilleuses pour purifier la masse du Sang, pour l'animer & lui donner de la fluidité, dissiper les levains étrangers qui en troublent l'économie & la peuvent corrompre; pour déboucher les visceres, ouvrir les voyes de l'urine & les vaisseaux de la matrice; l'on s'en sert avec succez dans la Fiévre maligne, le Scorbut, les Morsures des Chiens enragez & autres Animaux venimeux; pour faire sortir la Rougeole & la petite Verole; dans l'Apoplexie, la Paraliſie, les Défaillances & les Palpitations de cœur; dans la Supreſſion d'Urine, cauſée par les glaires, rétention des Menſtruës des Femmes & dans les Accouchemens difficiles, & pour faire ſortir l'Ariere-Faix aprés l'Accouchement. La Doſe eſt depuis dix gouttes juſqu'à vingt, aux perſonnes qui ont paſſé quinze ans, que l'on verſe ou fait tomber goutte à goutte dans du Vin, du Boüillon ou dans une Liqueur convenable, & l'on réïtere ce Remede juſqu'à ſept à huit fois, s'il eſt neceſſaire: on en donne aux Enfans pour procurer une éruption plus prompte, ſoit dans la Rougeole ou dans la petite Verole, depuis ſix goutes juſqu'à douze dans de l'eau de Scorſonnaire ou de Chardon benit; j'ai toûjours vû de bons effets de ces Gouttes dans ces ſortes de Maladies, pourvû qu'on ait deſempli les vaiſſeaux, ſi la plenitude le demande & qu'on ait vuidé les premieres voyes, par des Purgatifs ou des Emetiques s'il en eſt beſoin.

Cette preparation eſt la plus forte, & n'eſt autre choſe que l'Eſprit volatile de la Soye des Araignées, uni par une longue digeſtion & par une longue circulation, comme je l'ai déja dit, avec l'Huile de Canelle & de Geroffle.

Les ſecondes eſpeces de Gouttes d'Araignées que j'apelle Hiſteriques, ne ſont autre choſe que cet Eſprit d'Araignée, mêlé avec l'Eſſence de Genévre & de Rhuë; elles ſont excellentes pour appaiſer les Vapeurs, qui viennent de la Matrice, & pour empêcher le retour periodique de ces mêmes Symptomes; on en peut donner deux fois par jour, mais assez loin de la nourriture, l'on peut continuer ce Remede pendant dix à douze jours, & pour la Dose elle est depuis dix gouttes jusqu'à vingt gouttes, que l'on mêle dans de l'eau distilée de la grande Valeriane ou d'Armoise : ces Gouttes sont encore bonnes contre l'Epileptie, mais il faut avoir le soin de purger le Malade au commencement & à la fin de ce Remede.

Enfin, la troisiéme espece de Gouttes que j'appelle Annodines, sont mêlées avec le Laudanum & l'Essence de Castor; elles font un effet merveilleux dans les Maladies de Douleur, telles que la Colique d'Estomac, la Bilieuse & la Nefretique; elles appaisent les Douleurs par le moyen des souffres annodins & balzamiques qu'elles contiennent, & emportent souvent la cause de la Maladie, en adoucissant l'acrimonie du sel d'où elle dépend.

La doze de ces Gouttes est la même que les precedentes, ayant égard à l'âge & à la violence de la Maladie; ce qui doit être reglé par la prudence du Medecin.

Toutes ces trois especes de *Gouttes de Montpellier*, ont été experimentées depuis plusieurs années & elles ont eu un grand succez. Mrs. les Professeurs de Medecine de l'Université de Montpellier, ont fait soûtenir des Theses publiques dans leur Ecole, pour prouver que les *Gouttes de Montpellier* étoient préferables à celles d'Angleterre.

ILLUSTRISSIMO

ILLUSTRISSIMO NOBILISSIMOQUE VIRO

D. D. FRANCISCO - XAVERIO BON,

REGI A CONSILIIS, BARONI DE FOURQUES,

DOMINO DE CELLENEUVE, TERRADES, &c.

SUPREMI SENATUS MONSPELIENSIS PRINCIPI

DESIGNATO,

Regiæ Scientiarum Societatis Præſidi,

D. D. D.

ANTONIUS-NICOLAUS BILLEBAUT, Senonenſis.

QUÆSTIO MEDICA.

PRO BACCALAUREATU

MANE DISCUTIENDA

In Almâ Monſpelienſium Medicorum Academiâ,

PRÆSIDE

R. D. JOANNE BEZAC,

PROFESSORE REGIO.

An Apoplexiæ Guttæ Monſpelienſes.

APOPLEXIA eſt præternaturalis functionum animalium cùm principum, tùm minùs principum abolitio, remanentibus tantùm vitalibus & naturalibus, quæ ipſæ quoque difficulter & laborioſè exercentur.

Cum ex Physiologicis evidens sit functionum animalium exercitium spiritibus deberi, qui suâ præsentiâ substantiam Cerebri continuò distendant, & jugi ac perpeti fluxu universas corporis partes vivificent; functiones eas animales in Apoplecticis ideò concidere, atque aboleri consequens est, quòd solitus spirituum in partes influxus, solitaque eorumdem in Cerebro præsentia deficiat; *proxima itaque Apoplexiæ causa spirituum animalium defectus futurus est.*

Sed nequeunt spiritus in Cerebro deficere, nisi corticales Glandulæ, per quas solent transcolari, à solito cessent officio; illæ verò Glandulæ à secretione cessant, vel quia *obstruuntur*, vel quia *comprimuntur*, vel quia *laxantur & in sese concidunt. Tres* ergo *remotiores* Apoplexiæ *causæ* futuræ sunt, *Obstructio*, *Compressio & Relaxatio* Glandularum, quæ corticalem Cerebri substantiam constituunt.

Porrò corticales illæ Glandulæ, 1°. *Obstruuntur* à materiis crassioribus, quæ unà cum spiritibus ipsis etiam crassis à sanguine viscoso & pituitoso suggeruntur. 2°. *Comprimuntur* à Cranio per ictum aut aliâ de causâ depresso, inflammationibus aut suppurationibus intra Cranii claustra factis sanguine aut impensiùs rarescente, uti fit ex insolatione, irâ vehementiore, abusu liquorum ardentium, usu præpostero frictionum mercurialium: aut crassitie nimiâ in propriis Cerebri vasis moram trahente, ut contingit ex mœrore, tristitiâ, ærumnis, vitâ sedentariâ, somnolentiâ, acidioribus primarum viarum succis, &c. 3°. *Relaxantur* ab aquasiore sanguine, immoderato narcoticorum usu, &c. Quæ omnia inter *procarcticas & evidentes* Apoplexiæ *causas* debent recenseri.

Ex propositâ Apoplexiæ ætiologiâ, functiones omnes animales, imaginationem, memoriam, ratiocinium, sensum atque motum, suppressâ spirituum secretione, cessare mirum non est. Mirum potiùs, quòd in tali statu respiratio, deglutitio atque cordis pulsatio perseverent. Illæ enim motiones, cum à jugi spirituum fluxu dependeant, videntur in Apoplecticis perinde ac cæteræ abolendæ; & abolerentur sanè pari prorsus modo, si nervi, quibus in harum motionum organa spiritus derivantur, ab eâdem Cerebri parte, à quâ cæteri corporis nervi, enascerentur. Verùm plurima demonstrant experimenta nervos, qui respirationi, deglutitioni & cordis motui prospiciunt, à Cerebello oriri, prodire verò à Cerebro nervos, qui voluntariis artuum motibus destinantur. Cerebrum autem cum mollius sit laxiusque, obstructioni, compressioni, & relaxationi magis patet; Cerebellum è contra, ut pote firmius & densius, triplici huic læsioni fortiùs resistit. Suppressâ ergo in Cerebro spirituum secretione, eam quoque in Cerebello supprimi consequens non est: possuntque adeò, quanquam voluntarii motus à Cerebro dependentes aboleantur, functiones quæ à Cerebello foventur exerceri, verùm debiliùs lentiùsque; cum Cerebellum non sit ab omni prorſus læſione immune, ſed & morbificæ cauſæ, quâ Cerebrum opprimitur quadamtenùs particeps.

Diagnoſis Apoplexiæ patet intuenti; diſtinguitur à Caro ſecundùm magis & minùs: ab Epilepſiâ ex convulſione aut motibus convulſivis, quæ in hâc eſſentialiter adſunt, deſunt verò in Apoplexiâ: à Catalepſi, quòd in hâc tenſa ſint membra, ac quodammodo rigida, in illâ verò flaccida penitus atque laxata: à Syncope demùm, quòd in eâ pereant functiones omnes, ad ſenſum ſaltem; in Apoplexiâ verò naturales ac vitales functiones permaneant.

Duæ ſolent Apoplexiæ ſpecies conſtitui habitâ cauſarum ratione; una, quæ à rareſcente nimis ſanguine, altera, quæ à craſſiore producatur. In illâ rubet facies, calet corpus, pulſus vehementior eſt validiorque, citatior reſpiratio; in iſtâ verò langueſcit pulſus, labaſcit reſpiratio, frigent extrema, pallet facies, ac plerumque cadaveroſa eſt. Priorem *ſanguineam*, poſteriorem verò *pituitoſam*; vulgò placuit appellare.

Prognoſis periculoſa debet ſemper inſtitui, & ut plurimùm lethalis. Aſſerit enim Hippocrates aphoriſmo 42. ſect. 2. *Apoplexiam fortem tollere impoſſibile, debilem verò non facile*; Nec Hippocratem falſi hâc in re convicit ſequentium ſæculorum experientia.

Si Apoplexia à ſanguine nimis rareſcente producatur, depletis vaſis & repreſſo ſanguinis orgaſmo, feliciter curatur, neque ullus ſupereſt

pereſt gravior affectus. Si verò ab obſtructione, relaxatione, aut compreſſione dependeat, quam craſſior ſanguis indureſcit; curatam Apoplexiam ſolet conſequi Paralyſis particularis vel univerſalis, obſtructis videlicet hoc in caſu, aut ſero laxatis nervorum principiis.

A qualicumque autem causâ Apoplexia dependeat, ſive à nimiâ ſanguinis craſſitie, ſive à præternaturali ejuſdem efferveſcentiâ, minimè dubium eſt, quin ejus curationi imprimis conveniat venæ ſectio. Siquidem depletis quadamtenus vaſis ſanguiferis, ceſſat violenta compreſſio, quam corticalibus Cerebri glandulis diſtenſione nimiâ inferunt. Celebrantur autem venæ ſectiones vel in brachio vel in pede, vel in collo pro Medici prudentiâ; plures ſi ſanguis rareſcat & impenſiùs fermentetur, pauciores ſi craſſior fuerit & difficilè circuletur. Æger deinde modis omnibus exſuſcitandus eſt, motuſque vehementior, ſi fieri poſſit, ſpiritibus, qui tunc in Cerebri ergaſtulis & pauci & torpidi exiſtunt, communicandus. In hunc finem avellendi capilli, contorquendi digiti, pungendus Æger, cucurbitulæ applicandæ, & ſcarificandæ. Verùm his omnibus, potentiùs agunt propinata Emetica, quibus interior ventriculi tunica irritatur. Hinc enim vehementer fiunt ad Cerebri meditullium ſpirituum refluxus, quibus oppreſſa Cerebri compages relaxatur; validæ excitantur partium contractiones, quibus ſanguis velociùs motus objecta ſibi in Cerebro repagula vincit, ſuperatque; ac demùm vitioſus primarum viarum limus, qui morbi plerumque fomes est, expellitur & evacuatur.

Quod si neque Emetica, neque Cathartica Emeticis addita quidquam profecerint, certumque aliunde sit in dubiis signis, quæ superius recensuimus, Apoplexiam a crassiore sanguine induci, ad spirituosa medicamina confugiendum est, quibus sanguinis corrigatur crassities, & intendatur fermentatio. Laudantur ex his Salia omnia volatilia, ex Cornu Cervi, Cranio humano, Sale Ammoniaco, Urina extracta, Lilium Antimoniale PARACELSI, Guttæ Anglicanæ, quæ ex vulgari Serico distillantur; sed palmam omnibus præripit Spiritus volatilis, qui ex Arcanarum folliculis distillatione elicitur; novum quidem, sed utile atque efficax remedium, quod acceptum debemus Illustrissimo Viro D. D. BON, Senatûs Monspeliensis Principi designato, cujus non hortatu modò & suasione, sed operâ quoque atque studio Naturalis Historiæ notitia mire promovetur. Ille enim ceu Naturæ Mystes, quæ altis tenebris hactenus offusa sedulam aliorum disquisitionem elusere, acri ipse ingenio facile retegit, dum subsecivis horis animum gravioribus negotiis implicitum dulci utilique simul relaxat oblectamento. Tam sagacem in inquirendo, tam perspicacem in examinando, tam acutum in inveniendo rerum Physicarum Scrutatorem, præreptum sibi merito quereretur Philosophia, nisi curis natus nobilioribus, & Dignitati suæ & publicæ totus deberetur utilitati. Primus

Ille neglectos usque adhuc Arenearum folliculos pretiosis vestibus conficiendis utiles esse demonstravit. Primus Analisi Chymicæ exposuit, atque ex iis Spiritum volatilem, efficaciæ summæ elicuit. Primus demum extractum inde Spiritum variâ medicaminum miscelâ temperandi modum edocuit in pereruditâ Dissertatione, quam publici juris nuper fecit. Ut ergo propositæ Quæstioni plenè satisfaceremus, paucula quæ sequuntur hinc excerpere visum est, quæ ad struendam conclusionem non parùm sunt illustratura.

Aranea non vile modò, sed etiam exosum est atque invisum Animal. Eam tamen non suo erga nos merito, sed ignorantiâ tantùm vel præjudicio exhorrescimus. Neque enim, si Tarantulam excipias, veneno noxia est, sed contra utilis nobili vellere, quod Serico ipsi nec pretio, nec utilitate cedit. Casses quidem nullius pretii æstate fere totâ prætendit in aëre vacuo, ut Muscis insidietur, quibus vescitur; sed mense Augusto utero jam prægnans firmiora depromit stamina, quibus in folliculos circumductis ova arctè concludit, & contra hyemalis frigoris vim, atque cæterorum Animalculorum injuriam cautè munit.

Collecti hice folliculi, si Retortæ inditi lento igne, ut artis est, distillentur, Spiritum suppeditant alkalinum volatilem, qui cæteris quibusvis Homogeneis Spiritibus efficacior est, acriorque; atque palato simul gratior, cùm nares odore minus graveolenti percellat.

Rarò tamen ſolus & impermiſtus uſurpatur, ſed variis temperatur materiis, quæ ei vehiculi inſtar ſint, quibuſcum repetitis circulationibus intimè commiſcetur. Solent autem pro Medici prudentiâ materiæ diverſi generis adjungi, quæ & ipſæ curationi morbi, cui deſtinatur remedium, poſſint conſpirare; ſic ad dolorem colicum Tincturæ Opii permiſcetur, ut dùm Spiritus ipſe lentos viſcidoſque humores incidit, quibus Inteſtina diſtenduntur, Narcoticæ Opii partes Cerebrum laxando dolorificas impreſſiones obtundant. Sic ad Hyſtericos inſultus, Caſtoreo, vel eſſentiâ Rutæ temparatur, ut eâ ratione ſpiritus ſanguinem craſſiorem præcordia opprimentem attenuet, atque Rutæ vel Caſtorei partes violentas nervorum irritationes ſimul demulceant & compeſcant. Sic denique ad Apoplexiam & ſoporoſos affectus, qui à craſſo fiunt ſanguine, Oleo eſſentiali Cinnamomi vel Thymi admiſcetur, ut unitis viribus in propriâ Spiritûs energiâ, & Olei hujuſce actione craſſior ſanguis atteratur. Miſtiones haſce quaſcumque, quoniam Monſpelii noviſſimè fuerunt inventæ, uti ſuprà dictum eſt, *Guttas Monſpelienſes* appellare placuit, deſumpto à Guttis Anglicanis nomine, quæ ratione ſimili parantur. Evidens autem eſt priora duo Guttarum genera Apoplexiæ, quæ à craſſiori ſanguine inducitur, vel nunquam vel minùs convenire; ſed poſterius mirificè proficit, cùm craſſiorem ſanguinem dividat, langueſcentem ejus fermentationem intendat, atque uberiorem promoveat ſpirituum ſecretionem. Unde jure concludimus,

Apoplexiæ, quæ à craſſo ſanguine dependet, præmiſſis præmittendis, Guttas Monſpelienſes *convenire.*

Propugnabit in Auguſtiſſimo Monſpelienſis Apollinis Fano, ANTONIUS-NICOLAUS BILLEBAUT *Senonenſis, Artium Liberalium Magiſter, & jam dudùm Medicinæ Studioſus, ab horâ octavâ uſque ad meridiem. Die mensis Maii* 1710.

LETTRE

LETTRE

De M. Fagon, Conseiller d'Estat ordinaire, & premier Medecin du Roy, écrite à M. Bon, *Premier President de Montpellier, le 28. Mars 1710. pour remercier ce Magistrat des Gouttes d'Araignées qu'il lui avoit envoyées, & pour lui apprendre que les experiences qu'il en avoit fait faire publiquement avoient trés-bien réussi.*

Monsieur,

Vous satisfaites si obligeamment à votre parole, que vous passez beaucoup ce que j'en devois attendre, & vous faites bien connoître par votre ponctualité l'arrangement de vie qui vous menage le loisir, de passer de l'application aux Affaires considerables d'un premier Magiſtrat, à ces nobles Occupations qui vous ſervent d'amuſement ; c'eſt auſſi, Monſieur, la maniere dont j'ai eu l'honneur de parler de vous au Roy & à Monſeigneur le Duc du Maine.

L'étenduë de vos lumieres & la regularité de votre vie, vous donnent moyen d'étendre à des decouvertes agreables & utiles au Public, le tems que les autres ont coûtume de conſommer au jeu, ou à d'autres auſſi inutiles, & ſouvent domageables divertiſſemens.

J'ajoûte que M. Colbert mettant les Finances de Sa Majeſté dans le bon ordre qui avoit rendu ſon Treſor ſi abondant, ne laiſſoit pas de menager quelques momens ſuperflus à ſes principales affaires, pour entrer dans le detail du progrés des Arts, & des decouvertes de l'Academie des Sciences, dont il avoit propoſé l'établiſſement au Roy; comptant, comme l'ont penſé tous les Hommes illuſtres de l'Antiquité, que la Poſterité regardoit toûjours avec une eſpece de reconnoiſſance & d'admiration le Regne des grands Princes qui ont contribué à la perfection des Manufactures, & à la découverte des choſes dont elle ſent l'utilité. Je vous ſuis trés redevable, Monſieur, du tems que vous avez derobé à ces heures de votre divertiſſement, pour m'écrire ſi exactement tout le procedé de votre Sel volatil. Je ne pretendois pas en vous demandant la grace que vous m'aviez promiſe ſur ce ſujet, de vous engager à ce detail, de la preparation generale & ordinaire de ces

Sels

Sels volatils ; ç'auroit été abuſer inutilement de votre loiſir ; j'eſperois ſeulement, Monſieur, d'aprendre le melange particulier du vôtre avec les matieres ætherées dont l'union vous a paru produire un bon effet. Il y a des occaſions où je craindrois, que l'eſſence de Thyn ne donnât trop d'agitation au ſang, & où l'alliance de la vertu calmante du Caſtor, & de l'eſſence de Rhuë conviendroit davantage à moderer les ſecouſſes convulſives des parties nerveuſes, & à relâcher la tenſion de leurs fibres, & par conſequent à apaiſer ces ſortes de mouvemens, & du trouble du genre nerveux qu'on appelle ordinairement Vapeurs ; en vous remerciant trés-humblement, Monſieur, de l'honneur que vous m'avez fait de me confier ſi promptement & ſi genereuſement votre decouverte, je crains fort que vous ne ſoyez ſurpris du retardement de ce juſte devoir ; j'eſpere pourtant que vous le pardonnerez à des occupations qui ne ſont pas reglées comme les votres, car outre les aſſiduitez journalieres & perpetuelles, elles ſont preſque ſans ceſſe traverſées d'incidens qui ne me laiſſent pas un moment dont je puiſſe diſpoſer, & m'obligent de ſacrifier à la neceſſité indiſpenſable, ce que les regles de l'honneteté demanderoient ſouvent de moi, & dans le cas preſent particulierement ce qu'en exigeoit la paſſion que j'avois en recevant la Lettre que vous m'avez fait l'honneur de m'écrire, de vous marquer le plaiſir extrême qu'elle me faiſoit.

Les experiences qui ont été executées ſous

mes yeux de vos *Gouttes de Montpellier* ont toutes fort bien reüssi, puisqu'au Jardin Royal on a tiré publiquement au Laboratoire de ce Jardin, l'Huile, l'Esprit & le Sel volatil, de vos Coques d'Araignées; ces matieres en sont sorties plus aisement que des autres sujets dont on en tire, & sont sorties fort promptement de la Cornuë, à la seule chaleur du sable; & le Sel volatil en plus grande quantité, puisque d'environ cinq onces de Coques d'Araignées, on en a tiré environ cinq dragmes. On a preparé de ces Gouttes avec differens melanges des Huiles ætherées qui conviennent aux diverses intentions qu'on peut avoir pour son service; & on les a trouvées plus vives que celles d'Angleterre. Cela s'est passé avec les applaudissemens que merite la noble inclination d'un premier Magistrat, auquel de si curieuses & si utiles recherches servent d'amusement.

J'ai fait placer le reste de ces Gouttes preparées pour servir d'échantillon dans le Cabinet de la Matiere Medecinale du Jardin Royal. Le Public vous doit être à jamais redevable d'une decouverte qui lui peut si utilement servir pour conserver la santé, & pour la parure. Je suis avec respect,

MONSIEUR,

Votre trés-humble & trés-obeïssant Serviteur, FAGON, *Signé.*

A Versailles ce 28. *Mars* 1710.

AD ILLUSTRISSIMUM VIRUM

D. D. DE BON,

PRINCIPIUM SUPREMÆ

MONSPELIENSIS CURIÆ,

CUM DONIS EJUS CUMULATISSIMUS

MUNUSCULUM MITTERET,

JACOBUS VANIERE, *è Societate Jesu.*

EGLOGA.

ISSA sibi nuper Pesulo de monte Menalcas.
Dona recognoscens oculis; animoque reponens
Verba memor, quibus ornarat sua munera Daphnis;
O! mihi paupertas, inquit? jam dura! fuisse
Me toties meritis impleverit ille; nec unquam
Mutua perpetuis referatur gratia donis!
Non ita; namque mihi, si res angusta, voluntas
Non pauper, Daphnisque animum, non grandia curas
Dona, Deûm similis, vitæ queis debitor offert
Fumosis pia thura focis, & gratus abundè est.
Ast age, quid demum referam? mihi mollior Agnus,
Aurea sunt & Mala Domi; sed Daphnidis hortos
Vidimus excultos mirâ feliciter arte;

Quos latè Regio nunc prædicat omnis, aquarum
Fontibus irriguos & terræ munere dites.
Non Pyra, non molles Ficus, non aurea desunt
Mala: virique greges qui binis augeat Agnis
Donis ille suis exultet ineptiùs, undæ
Quàm qui rivus inops vano cum murmure fertur,
Et vasto fore magna putat sua munera ponto.
Ars manuumque labor rebus succurrat egenis;
Et tenuem lento texamus vimine cistam,
Quâ flores legat ille suos, & poma reponat.
Clara domo Phyllis, sed clarior arte, Menalcam
Audiit hæc secum vano sermone moventem;
Et miserata virum, corbes messoribus inquit
Texe tuis: dignam sed Daphnide fingere cistam,
Me labor ille manet, dulcis te propter, & ipsum
Daphnida, quem totâ passim regione loquuntur
Musarum celebrem studiis & Apollinis arte.
Hæc effata, domum repetit, gemmasque latenti
Stamine, sic conjungit acu; variosque colores
Temperat; ut calatho Phœbum doctasque Sorores
Addiderit: Medius stat Apollo, chelique remissâ
Musarum gaudet modulis; sua quamque Sororum
Inscribit facies, habitusque vel ore canentis
Aut citharâ, recto vel grandiùs ære sonantis.
Mollibus ars oculis sic insidiatur, ut aure
Protinùs arrectâ, quæras audire silentis
Carmina docta chori: Phyllis gemmata Menalcæ.
Texta dedit, misitque brevi cum carmine cistam.
En tibi quo possit donari munere Daphnis:
Huic meritas tu redde vices; ego præmia longi
Magna feram, si te, si nos amat ille, laboris;
Luminibus legit hæc avidis; donoque superbus
Sic Phœbum & Musas compellat voce Menalcas.
Ite mei memores & Phyllidis, ite Camænæ:
Alter apud Daphnin, vatum quem turba frequentat,
Vos Pindus manet; & Pesulo non monte pigebit
Aonium mutasse jugum: clementia cœli
Par utrique loco; paribus viget æmula laudum
Urbs studiis; cui vel formâ vel Palladis arte

Insignes priscum (1) nomen fecere puellæ.
Ite, meus vos Daphnis amat, claroque tuetur
Præsidio : vestros non dissona fila movebit
Ille choros inter citharam cùm tanget eburnam.
Nec tacitus vos livor edat, si pulchrior offert
Sese Nympha, toro cum Daphnide vincta jugali;
Huic Dryades formæ decus, huic cessere Napææ,
Naïadumque decens chorus; & vos cedite Musæ,
Cedite; vestra satis victoria laudis habebit,
Vos quoque blandiloquo si non superaverit ore ?
At tu, Phœbe pater, mirabere Daphnida, leges
Cum feret; atque brevi longas sermone recidet
Pastorum lites inimicaque jurgia; quorum
Arbiter unus eras, agitans per pinguia quondam
Arva greges : rerum qui diceris esse (2) repertor;
Tristibus adductam rugis ne contrahe frontem;
Si cupidâ Daphnis pastores aure bibentes
Plura docet, quàm te quondam didicere magistro.
Scis, ne cuncta loquar, famâ vulgata recenti
Humanos inventa sagax quæ Daphnis in usus
Extudit; & magnâ nuper spectante (3) Coronâ,
Protulit in medium, spretæ novus ultor (4) Arachnes:
Hæc utero damnata putres evolvere telas,

(1) *Monspelium dicitur apud priscos Autores Mons Puellarum.*

(2) Inventum medecina meum est, rerumque repertor Dicor. *Phœbus de se ipso apud Ovidium.*

(3) *Celeberrima Provinciæ Comitia, quæ Monspeliensem Academiam suâ nuper præsentiâ cohonestarunt, cum Illustrissimus Dominus* BON *de Aranearum opificio, à se excogitato, sermonem haberet, quem opere ipso confirmavit, vestem proferens novo Aranearum filo contextam, eamque Bombicinâ præstantiorem, neque operosiorem, si reperiatur cibus facilè parabilis quo alantur Araneæ.*

(4) *Arachnes lanificæ artis clara Palladem ipsam in certamen vocavit; nec nimis superbè, quod textura ipsa probavit. Irata Pallas Arachnem in Araneam mutavit ut pluribus narrat Ovid. 6. Metamorph.*

Hactenus invisum clam per laquearia filum
Neverat, implicitis retinacula tristia Muscis.
Daphnis ad antiquas laudes revocavit Arachnem,
Jussit & artifici profundere vellus ab alvo,
Divitibus niteant queis alta palatia telis.
Illius en spreto Serum jam munere, (1) Reges
Stamine membra tegunt, oculis quod rursus iniquis
Invida nequicquam spectabit ab æthere Pallas.
Ornamenta mei vos denique muneris, ite
Candidulæ, viridesque & tinctæ murice Gemmæ,
Daphnidis ite domum; & vestras cognoscite conchas,
(2)Mille inter maris exuvias pretiosaque terræ
Munera, reliquias inter, monumentaque prisci
Temporis, effigies & ahenea signa Deorum,
Inter & ora virûm rubris inscripta lapillis,
Cæsareos inter vultus, nummosque vetustos,
Æris & argenti ductos aurique metallo.
O! ego quantus ero! nostri leve pignus amoris:
Si quando, tot opes inter vos tenuia, Gemmæ,
Munera conspiciam! quàm fortunatior! unà
Si liceat comes ire, meumque revisere Daphnim.

(1) *Vestem Aranearum filo textam, recentis inventi primitias, Regi dono dedit Dominus de* BON.

(2) *Dominus de* BON *concharum genus omne, aliaque Maris pretiosissima spolia collegit, de quorum mirâ varietate & usu crebros in Academiâ Monspeliensi sermones habuit. Congessit & lapillorum marmorumque genus omne, multas Deorum statuas, aliaque vetustatis insignia monumenta, pretiosam imprimis numismatum seriem ex auro, argento & ære utriusque moduli.*

LETTRE

LETTRE

Ecrite sur le même sujet à M. BON *le 26 Janvier 1710. par le R. P. Pouget Prêtre de l'Oratoire, Docteur de Sorbonne, & Abbé Commandataire de Chambon:*

Jam cultæ celebrent mortales dona Minervæ,
Jamque sui linquant Nymphæ vineta Timoli,
Jamque suas linquant Nymphæ Pactolides undas.
Rursus ut aspiciant opus admirabile Arachnes :
Exortus tandem est spretæ novus ultor Arachnes,
Quodque opus exegit, non illud carpere livor,
Nec poterit ferrum, nec edax abolere vetustas.

USQU'ICI, Monsieur, nous avions vecu dans l'erreur populaire, qui nous avoit fait croire qu'Arachné celebre Brodeuse, s'étant élevée en elle-même de son propre merite jusqu'à ne vouloir pas reconnoître que son habilité dans son art venoit de Minerve, & de pretendre même en sçavoir plus que cette Déesse : Minerve se cachant sous la forme d'une vieille Femme pleine d'experience & de bon sens vint à elle pour la convertir ; que cette Brodeuse méprisant des avis si sages, eut l'insolence d'inſulter à la Déeſſe de laquelle elle ne croyoit pas être entenduë ; que Minerve ſe montrant alors avec tout ſon éclat, fit à la verité rougir Arachné, mais qu'elle ne pût par cet éclat la faire rentrer en elle-même juſqu'au point de reconnoître ſa faute ; que la temeraire Brodeuſe ne craignit pas de défier Minerve en perſonne ; que le defi étant accepté, elle eut l'impieté d'inſulter encore à tous les Dieux, en choiſiſſant pour en faire ſon Chef-d'œuvre les crimes & les adulteres, par leſquels elle accuſoit les Dieux d'avoir ſoüillé leur dignité, & peignant toutes ces hiſtoires ſcandaleuſe en broderie fort delicate & ſi achevée, que l'Envie même n'auroit pû y trouver de défaut contre les regles de l'art ; qu'alors Minerve ne pouvant retenir plus long-tems ſon indignation prit avec colere l'ouvrage, & le Métier d'Arachné, qu'elle le rompit en morceaux, & qu'elle lui donnat ſur le front trois ou quatre coups de fuſeaux trés-violents, qu'Arachné ſe pendit de deſeſpoir ; que Minerve la voyant dans cet état, la força à vivre ainſi éternellement ſuſpenduë, pour être un exemple à la Poſterité & apprendre aux hommes à ne pas mépriſer les Dieux, qu'elle repandit enſuite ſur le corps de cette pauvre créature une liqueur empoiſonnée dont l'effet fut de la défigurer & de la transformer juſqu'au point où nous la voyons aujourd'hui, lui laiſſant néanmoins la triſte conſolation de travailler ſans relâche à une broderie inutile & la rendant au reſte l'execration de tous les mortels.

Voilà

Voilà, Monſieur, ce que nous avions crû juſqu'ici un peu trop legerement ſur le témoignage des Poëtes, mais vous venez de faire voir demonſtrativement que cette hiſtoire n'eſt qu'une fable & un conte fait à plaiſir, & que les Poëtes qui ont eu de tout tems auſſi bien que les Peintres la liberté de tout entreprendre, ne doivent pas être crû facilement ſur leur parole.

La pauvre Arachné donne depuis pluſieurs milliers d'années des preuves éclatantes de ſon humilité par le profond ſilence qu'elle garde depuis tant de ſiecles ſur toutes ces calomnies, nonobſtant les grands talens qu'elle a reçû des Dieux immortels, elle cache avec une moderation qui n'a gueres d'exemples parmi les mortels, tous les avantages qu'elle poſſede, & elle a la patience de ſe voir elle & tous ſes Deſcendans mepriſée de tout le monde, & miſe au dernier rang des Creatures. Non ſeulement les Rois & les Princes, les grands Seigneurs & les Magiſtrats, mais même les plus petits Bourgeois ne peuvent ſouffrir ſa race; on la chaſſe de par tout, on la pourſuit avec indignation, ſa ſeule vûë fait horreur, & ſes ouvrages ſont regardez comme le ſymbole de l'inutilité. Les Villageois & les plus pauvres d'entre le petit peuple ſont les ſeuls qui par pitié ou plûtôt par indolence la laiſſent vivre en repos, & cependant elle travaille ſans ceſſe pour l'utilité de ceux qui la mepriſent & qui la traittent d'une maniere ſi indigne, & elle ſe tait.

Mais peut-elle s'empêcher de ſentir tous ces outrages? Et combien de fois n'a-t'elle pas brodé ſur ſa toile ces paroles ?

Exoriare aliquis tandem ſpretæ novus ultor Arachnes.

Les Dieux l'ont enfin exaucée, ſoit pitié pour cette creature infortunée, ſoit bonté pour ceux-mêmes qui la mepriſoient, ils commencent à ſe faire entendre. Minerve, la ſage Minerve inſpire un celebre Magiſtrat, deſtiné pour être un jour à la tête d'un Corps illuſtre, le vangeur Public de l'innocence opprimée. Ce Magiſtrat divinement inſpiré, penetre dans les ſecrets les plus profonds de la Nature, & par ſes heureuſes decouvertes, il tire la pauvre Arachné & ſa Race de l'oppreſſion, il la remet en honneur, & il fournit en même tems à toute la Terre une reſſource nouvelle pour ſe délivrer de la miſere, & pour ſe conſoler des autres recoltes qui manquent aux hommes.

Vous avez bien ſenti, Monſieur, en faiſant part au Public de ces heureuſes decouvertes, que Minerve ne vous y avoit fait entrer que pour ſoulager les Miſerables; il eſt juſte aprés tout, que ceux qui ſeuls entre les Mortels ont eu de la pitié pour la race d'Arachné, en exerçant avec bonté l'hoſpitalité envers elle, ſoyent les premiers à recevoir les effets de ſa reconnoiſſance, en tirant profit des biens qu'elle leur procure; ils vont preſentement recuëillir avec empreſſement les riches tresors que vous leur avez montrez, & l'abondance dans laquelle ils vont vivre, excitera bien-tôt la jalousie des autres hommes : Ensorte que dans peu de tems vous aurez la consolation de voir les maisons les plus opulentes destiner de vastes appartemens à cette Race, dorénavant illustrée par vos travaux & tirée par vous de l'obscurité dans laquelle elle gemissoit.

Je ne doute pas même que vous ne parveniez enfin à faire recevoir Arachné avec distinction dans les Compagnies les plus brillantes, & que vous ne la rendiez aussi celebre par tout l'Univers qu'on pretend qu'elle l'étoit autrefois dans la Méonie, dans la Lydie & dans la Béotie ; les Nymphes quitteront de nouveau leur sejour pour la venir voir travailler, comme on dit qu'elles firent autrefois suivant ces vers :

* Hujus ut aspicerent opus admirabile, sæpè
Deseruere sui Nymphæ vineta Timoli,
Deseruere suas Nymphæ Pactolides undas.

Et Minerve fera connoître par vous à toute la Terre combien étoient calomnieuses les accusations dont on a chargé cette pauvre Creature. Le grand nombre de Maladies dont vous allez par elle procurer la guérison, fera voir avec évidence que ce qu'on avoit debité du venin repandu par Minerve sur le corps d'Arachné étoit une pure imposture ; on va s'empresser à recueillir de tous cótez ce puis-

* *Ovid. Metam. lib. 6.*

ſant Remede, qualifié fauſſement de Poiſon; en un mot toute la Terre va chanter aprés vous les loüanges d'Arachné, quand les hommes ſe verront couverts des Etoffes pretieuſes qu'elle leur aura filées, & guéris de tous leurs maux par le ſuc merveilleux qu'elle leur aura fourni. Tant il eſt utile de cultiver Minerve comme vous le faites.

Jam cultæ celebrent mortales dona Minervæ.

Mais c'eſt aſſez badiner ſur Arachné, le ton eſt d'ailleurs pour moi un ton forcé, ce ſtile ne me convient nullement, & j'avoüe que je ne comprend pas moi-même comment occupé comme je le ſuis à mille affaires ſerieuſes, je me ſuis aviſé d'employer deux heures de delaſſement à jetter ſur le papier des penſées, qui auroient pû m'occuper agréablement quand j'étudiois en Seconde & en Rethorique, mais qui ne conviennent plus à mon âge ni à ma Profeſſion, ni à mes vûës. Je ne l'ai fait, Monſieur, que pour vous montrer par-là que je ſuis ſenſible au ſervice que vous rendez au Public par cette nouvelle & curieuſe Découverte qui peut effectivement être trés-utile & donner lieu à en faire tous les jours de pareilles ſur les choſes les plus communes, dont les hommes ſe ſerviroient avantageuſement en mille beſoins, s'ils ſçavoient en connoître les proprietez cachées. Je ne ſuis pas moins ſenſible, Monſieur, à la grace que vous me faites de m'offrir un Exemplaire de vôtre Diſcours quand il ſera imprimé: je l'attend avec empreſſement, & je le lirai avec l'avidité d'un homme qui s'interreſſe infiniment à tout ce qui vous regarde, & qui fait de tout tems profeſſion d'être avec un attachement plein de reſpect, Monſieur, vôtre trés-humble & trés-obéiſſant Serviteur; *Signé*, POUGET, *Prêtre de l'Oratoire.*

www.ingramcontent.com/pod-product-compliance
Lightning Source LLC
LaVergne TN
LVHW010002230826
846092LV00002B/599

* 9 7 8 2 3 2 9 6 7 5 1 3 8 *